SPA J 535.6 CULLIFORD
Culliford, Amy
Amarillo

032921

Mi COLOR favorito
AMARILLO

Un libro de Las Raíces de Crabtree

AMY CULLIFORD
Y SANTIAGO OCHOA

ROCKFORD PUBLIC LIBRARY

CRABTREE
Publishing Company
www.crabtreebooks.com

Apoyos de la escuela a los hogares para cuidadores y maestros

Este libro ayuda a los niños a crecer al permitirles practicar la lectura. Las siguientes son algunas preguntas de guía que ayudan a los lectores a construir sus habilidades de comprensión. Las posibles respuestas están en rojo.

Antes de leer:
- ¿De qué creo que trata este libro?
  - *Este libro trata sobre el color amarillo.*
  - *Este libro trata sobre cosas que son amarillas.*
- ¿Qué quiero aprender sobre este tema?
  - *Quiero aprender qué animales son amarillos.*
  - *Quiero aprender sobre los tonos del color amarillo.*

Durante la lectura:
- Me pregunto por qué...
  - *Me pregunto por qué el sol es amarillo.*
  - *Me pregunto por qué algunos autobuses son amarillos.*
- ¿Qué he aprendido hasta ahora?
  - *He aprendido que los pollitos son amarillos.*
  - *He aprendido que el sol es amarillo.*

Después de leer:
- ¿Qué detalles aprendí de este tema?
  - *He aprendido que hay muchos tonos de amarillo.*
  - *He aprendido que las flores pueden ser amarillas.*
- Lee el libro de nuevo y busca las palabras del vocabulario.
  - *Veo la palabra **autobús** en la página 6 y la palabra **pollito** en la página 8. Las demás palabras del vocabulario están en la página 14.*

Veo el amarillo.

Veo el **sol** amarillo.

Veo un **autobús** amarillo.

7

Veo un **pollito** amarillo.

9

Veo una **flor** amarilla.

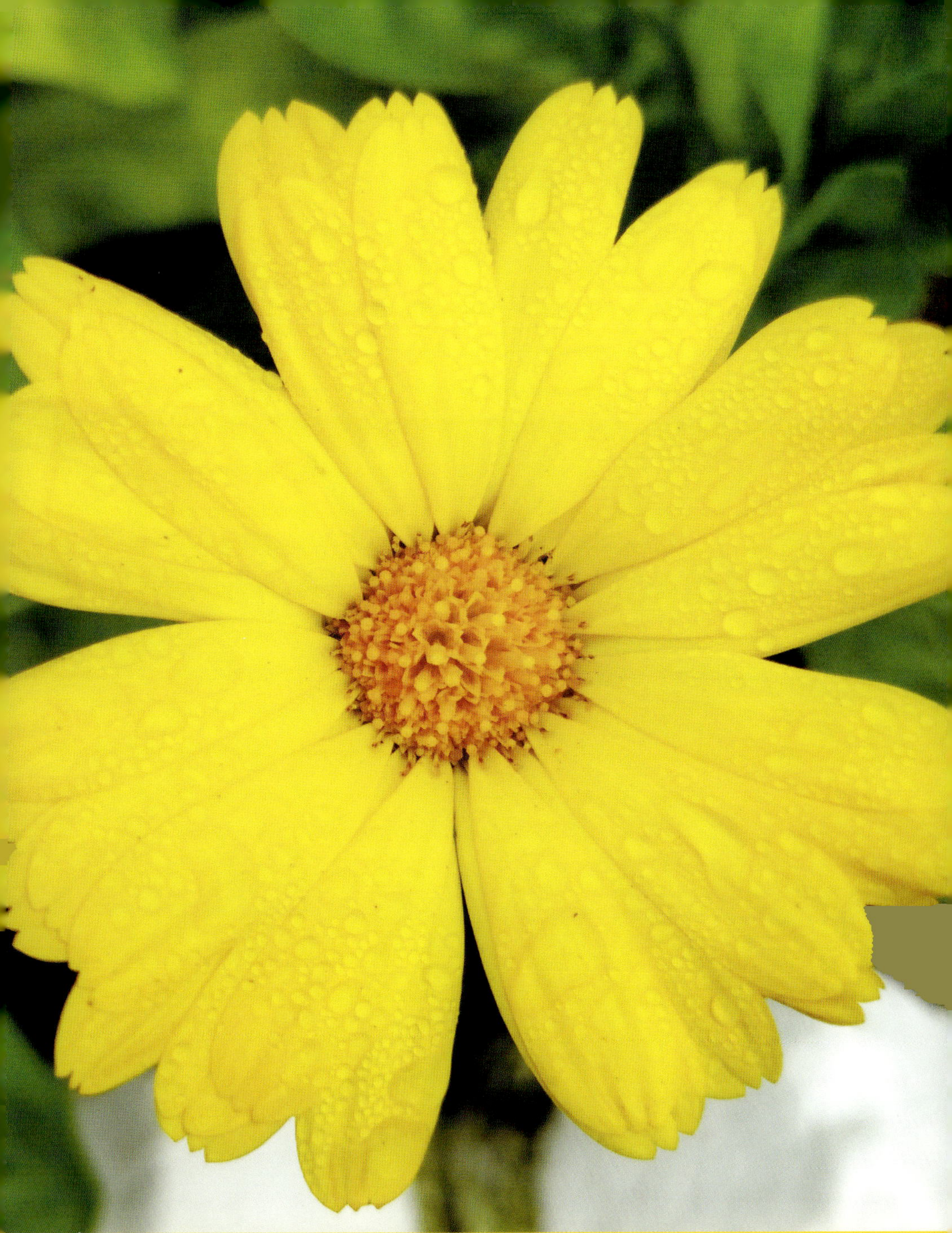

¿Qué ves que sea amarillo?

13

Lista de palabras

Palabras de uso común

amarillo   sea   veo
el   un   ves
qué   una

Palabras para aprender

autobús    **flor**

pollito    **sol**

24 palabras

Veo el amarillo.

Veo el **sol** amarillo.

Veo un **autobús** amarillo.

Veo un **pollito** amarillo.

Veo una **flor** amarilla.

¿Qué ves que sea amarillo?

Mi COLOR favorito
AMARILLO

Written by: Amy Culliford
Designed by: Rhea Wallace
Series Development: James Earley
Proofreader: Kathy Middleton
Educational Consultant:
   Christina Lemke M.Ed.
Spanish Adaptations: Santiago Ochoa
Spanish Proofreader: Base Tres
Photographs:
Shutterstock: Valentina ProSkurina: cover; Hanna_photo: p. 1; Yellow Cat: p. 3; wemai: p. 4-5, 14; Elnur: p. 6-7, 14; irin-k: p. 9, 14; Bhupinder Bagga: p. 11, 14; Evgeny Atamanenko: p. 13

Library and Archives Canada Cataloguing in Publication
Title: Amarillo / Amy Culliford ; traducción de Santiago Ochoa.
Other titles: Yellow. Spanish
Names: Culliford, Amy, 1992- author. | Ochoa, Santiago, translator.
Description: Series statement: Mi color favorito | Translation of: Yellow. | "Un libro de las raíces de Crabtree". | Text in Spanish.
Identifiers: Canadiana (print) 20200407090 |
   Canadiana (ebook) 20200407104 |
   ISBN 9781427134608 (hardcover) |
   ISBN 9781427132963 (softcover) |
   ISBN 9781427133021 (HTML) |
   ISBN 9781427135643 (read-along ebook)
Subjects: LCSH: Yellow—Juvenile literature.
Classification: LCC QC495.5 .C85618 2021 | DDC j535.6—dc23

Library of Congress Cataloging-in-Publication Data
Names: Culliford, Amy, 1992- author.
Title: Amarillo / Amy Culliford ; traducción de Ochoa Santiago.
Other titles: Yellow. Spanish
Description: New York, NY : Crabtree Publishing Company, [2021]
   | Series: Mi color favorito - un libro de las raíces de Crabtree | Includes index.
Identifiers: LCCN 2020054495 (print) |
   LCCN 2020054496 (ebook) |
   ISBN 9781427134608 (hardcover) |
   ISBN 9781427132963 (paperback) |
   ISBN 9781427133021 (ebook) |
   9781427135643 (epub)
Subjects: LCSH: Yellow--Juvenile literature. | Colors--Juvenile literature.
Classification: LCC QC495.5 .C85918 2021 (print) | LCC QC495.5 (ebook) | DDC 535.6--dc23
LC record available at https://lccn.loc.gov/2020054495
LC ebook record available at https://lccn.loc.gov/2020054496

Crabtree Publishing Company
www.crabtreebooks.com   1-800-387-7650

Printed in the U.S.A./022021/CG20201204

Copyright © 2021 **CRABTREE PUBLISHING COMPANY**

All rights reserved. No part of this publication may be reproduced, stored in a retrieval system or be transmitted in any form or by any means, electronic, mechanical, photocopying, recording, or otherwise, without the prior written permission of Crabtree Publishing Company. In Canada: We acknowledge the financial support of the Government of Canada through the Canada Book Fund for our publishing activities.

Published in the United States
Crabtree Publishing
347 Fifth Avenue, Suite 1402-145
New York, NY, 10016

Published in Canada
Crabtree Publishing
616 Welland Ave.
St. Catharines, Ontario L2M 5V6